SOCIÉTÉ D'OCÉANOGRAPHIE DU GOLFE DE GASCOGNE

MISSION ARCTIQUE
Commandée par M. Charles BÉNARD

BRYOZOAIRES

PAR

Madame G. GUÉRIN-GANIVET

Fascicule VII

BORDEAUX

AU SIÈGE DE LA SOCIÉTÉ

HÔTEL DE LA MARINE NATIONALE

1913

SOCIÉTÉ D'OCÉANOGRAPHIE DU GOLFE DE GASCOGNE

MISSION ARCTIQUE

Commandée par M. Charles BÉNARD

BRYOZOAIRES

PAR

Madame G. GUÉRIN-GANIVET

FASCICULE VII

BORDEAUX

AU SIÈGE DE LA SOCIÉTÉ

HÔTEL DE LA MARINE NATIONALE

1913

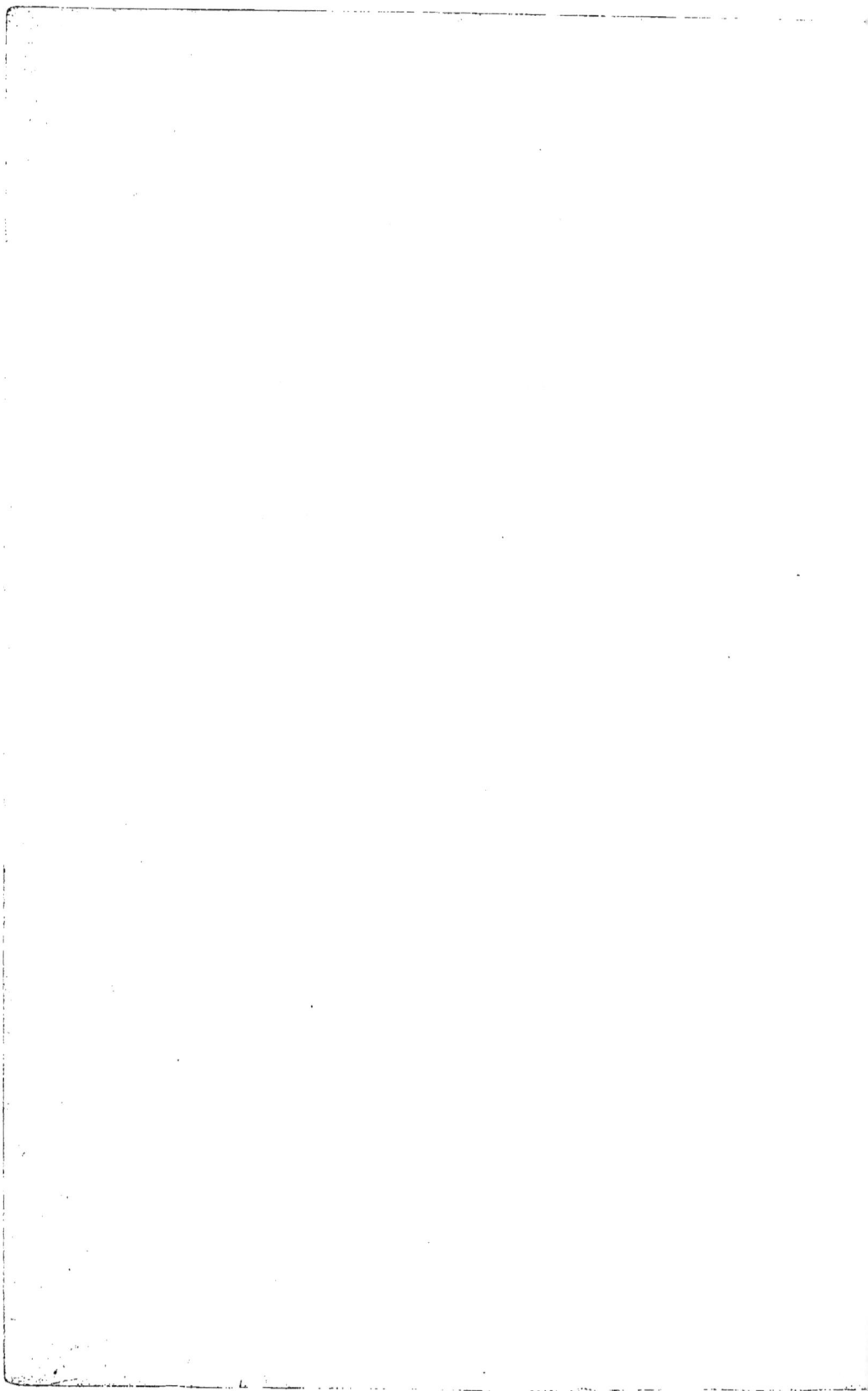

BRYOZOAIRES[1]

PAR

Mme G. GUÉRIN-GANIVET

DU LABORATOIRE MARITIME DE CONCARNEAU

La faune des Bryozoaires des régions arctiques a déjà fait l'objet de nombreux travaux parmi lesquels ceux de BIDENKAP, HINCKS, LEVINSEN, LORENZ, SMITT et WATERS sont les plus importants. Aussi n'est-il pas surprenant que les Bryozoaires rapportés par M. Charles Bénard, commandant l'expédition du *Jacques-Cartier*, correspondent pour la plupart à des espèces déjà connues et même relativement communes sur les côtes lapones, mourmanes et norvégiennes d'où ils ont été exclusivement rapportés. Les matériaux étudiés, qui sont originaires des côtes de la Nouvelle-Zemble, n'ont pas fourni de Bryozoaires. Cependant, parmi les 69 espèces rapportées de l'océan Glacial, il en est quelques-unes qui sont intéressantes à différents points de vue; certaines d'entre elles sont rares dans la région, ce sont: *Crisia cornuta* (Linné), *Idmonea serpens* (Linné), *Frondipora verrucosa* (Lamouroux), quoique ce dernier soit exclusivement septentrional; d'autres n'y ont jamais été signalées à des latitudes aussi élevées : *Lepralia foliacea* (Ellis et Solander), *Lepralia pertusa* (Esper), *Myriozoum truncatum* (Pallas); ce dernier même, assez commun dans les terrains miocènes et pliocènes, n'avait jamais été signalé vivant que dans la Méditerranée,

---

(1) Une étude préliminaire a été publiée in : *Bulletin de l'Institut océanographique de Monaco*, n° 207. Avril 1911.

l'Adriatique et l'Atlantique Nord. Enfin, parmi les trois espèces de *Retepora* recueillies, l'une mérite d'être érigée en variété nouvelle : *Retepora elongata* var. *Watersii* (nov. var.).

D'autre part, parmi les espèces plus communément répandues, certains échantillons présentent des variations spécifiques intéressantes, sur lesquelles il était important d'insister : c'est ainsi que l'absence complète de vibraculaires dorsaux chez *Scrupocellaria scabra* (Van Beneden) et de perforations à la face dorsale de *Cellularia Peachii* (Busk) entraîne des modifications dans les caractéristiques de ces deux genres tels qu'ils ont été compris par Hincks et la plupart des auteurs.

De même les colonies provenant de la mer de Barentz et que j'ai rapportées au *Membranipora cymbæformis* (Hincks), ne sont pour ainsi dire qu'une forme intermédiaire entre les exemplaires types de cette espèce et le *Membranipora spinifera* (Johnston).

Les 69 espèces mentionnées dans ce travail comprennent : 56 Cheilostomes, 11 Cyclostomes, un seul Cténostome (*Bowerbankia imbricata* (Adams) ; un Endoprocte, *Pedicellina cernua* (Pallas) et sa variété *glabra* (Hincks).

LISTE DES ESPÈCES

PAR STATION

Station 37. — 3o mai 1908. Drague et chalut. Dans le fjord lapon, situé au sud-ouest de Hammerfest. Latitude : 70°36' N.; longitude : 21°07' E. Température de surface, + 3°9; température du fond, + 3°1. Profondeur, 4o mètres.

Scrupocellaria scabra (Van Beneden).
Caberea Ellisii (Fleming).
Bugula Murrayana (Johnston).
Bugula Murrayana (Johnston) var. fruticosa Packard.
Membranipora craticula Alder.
Membranipora arctica d'Orbigny.
Membranipora Flemingii Busk.
Membranipora trifolium (S.Wood).
Cribrilina punctata (Hassall).
Microporella ciliata (Pallas).
Microporella spatulifera (Smitt).
Schizoporella Alderi (Busk).
Schizoporella linearis (Hassall).
Schizoporella auriculata (Hassall).
Schizoporella sinuosa (Busk).
Schizoporella cruenta (Norman).
Schizoporella hyalina (Linné).

Lepralia foliacea (Ellis et Solander).
Lepralia polita Norman.
Lepralia sincera (Smitt).
Umbonella verrucosa (Esper).
Myriozoum truncatum (Pallas).
Myriozoum coarctatum Sars.
Porella concinna (Busk) var. Belli Dawson.
Escharoïdes Sarsii Smitt.
Smittia trispinosa (Johnston) var. arborea Levinsen.
Mucronella Peachii (Johnston).
Mucronella ventricosa (Hassall).
Mucronella abyssicola Norman.
Retepora cellulosa Smitt.
Retepora elongata Smitt var. Watersii (nov. var.).

Retepora tessellata Hincks var. *cæs-*
pitosa Busk.
Sertella Beaniana (King).
Cellepora incrassata Lamarck.
Stomatopora Johnstoni (Heller).
Idmonea atlantica Forbes.

Idmonea serpens (Linné).
Diplopora obelia (Johnston) var.
arctica Waters.
Hornera lichenoïdes Pontoppidan.
Frondipora verrucosa (Lamouroux).

Station 41. — 6 juin 1908. — A l'ouest de l'île d'Hielmsö. Latitude :
71° 07' N.; longitude : 22° 15' E. Température de surface, + 2° 8(1); température du fond, 2° (1). Profondeur, 126 mètres.

Reticulipora intricaria Smitt.

Station 42. — 22 juin 1908. — Pêches au haveneau, au râteau et au
faubert autour de l'île de Haaïen, dans le fjord de Sörö, dans les rochers et
les alguières, jusqu'à 5 et 6 mètres de profondeur.

Crisia eburnea (Linné).

Crisia denticulata Milne-Edwards.

Station 143. — 26 août 1908. — Dragage dans la mer de Barentz en
face du cap Kanin. Latitude : 68° 08' N. ; longitude 39° (1) E. Profondeur,
69 mètres.

Cellularia Peachi Busk.
Scrupocellaria scabra (Van Beneden).
Caberea Ellisii (Fleming).
Bugula Murrayana (Johnston).
Bugula Murrayana Johnston) var.
fruticosa Packard.
Tubucellaria opuntioïdes (Pallas).
Flustra foliacea Linné.
Flustra securifrons (Pallas).
Flustra membranaceo-truncata Smitt.

Membranipora monostachys Busk.
Membranipora cymbæformis Hincks.
Cribrilina annulata (Fabricius).
Schizoporella hyalina (Linné).
Schizoporella tumulosa Hincks.
Lepralia pertusa (Esper).
Lepralia hippopus Smitt.
Porella concinna (Busk) var. *Belli*
Dawson.
Porella compressa (Sowerby).

(1) Ces chiffres, qui sont exacts, sont quelque peu différents de ceux qui figurent
dans mon travail de 1910 (*). Les différences, d'ailleurs légères, tiennent à ce que les rensei-
gnements qui m'étaient alors fournis étaient précisément erronés de leur valeur.

(*) GUÉRIN-GANIVET (M. G.). — Elude préliminaire des Bryozoaires rapportés des côtes septentrionales de
l'Europe par l'Expédition du *Jacques-Cartier* en 1908 (*Trav. Sc. Lab. Concarneau*, t. II, fasc. 7, 1910, et *Bull. Inst
Océan.*, n° 207, 1911).

Mucronella Peachii (Johnston).

Mucronella ventricosa (Hassall).

Rhamphostomella plicata Smitt.

Diplopora obelia (Johnston) var. *arctica* Waters.

Station 144. — 27 août 1908. — Drague et chalut. Au nord, à deux milles du phare de Sosnovetz, dans le détroit de sortie de la mer Blanche. Profondeur, 22 mètres.

Ætea truncata (Landsborough).

Gemellaria loricata (Linné).

Menipea ternata (Ellis et Solander).

Menipea Jeffreysii Norman.

Bugula neritina (Linné).

Bugula avicularia (Linné).

Cellaria fistulosa (Linné).

Flustra foliacea Linné.

Membranipora pilosa (Linné).

Lepralia Pallassiana (Moll).

Crisia cornuta (Linné).

Crisia eburnea (Linné).

Lichenopora hispida (Fleming).

Bowerbankia imbricata (Adams).

Pedicellina cernua (Pallas).

Station 146. — 29 août 1908. — Dragage dans la mer Blanche occidentale, en face Ravitza. Latitude: 65° 40′ N., à deux milles de la côte. Profondeur, 30 mètres.

Menipea ternata (Ellis et Solander).

Rhamphostomella plicata Smitt.

I. — ECTOPROCTA Nitsche.

(A) GYMNOLÆMATA Allman.

(a) CHEILOSTOMATA Busk.

Genre Ætea Lamouroux, 1812.

Ætea truncata (Landsborough).

1852. *Anguinaria truncata* Landsborough, Popul. Hist. Brit. Zooph., p. 288, pl. xvi, fig. 57.

1852. *Ætea truncata* Busk, Brit. Mus. Cat., p. 31.

1865. *Ætea truncata* Smitt, Krit. Fört. öfver. Hafs. Bryoz., pl. ii, fig. 5-14; pl. iii, fig. 1-8.

1867. *Ætea truncata* Smitt, Krit. Fört. öfver. Hafs. Bryoz., pp. 279 et 295, pl. xvi, fig. 1.

1880. *Ætea truncata* Hincks, Brit. Mar. Polyz., p. 8, pl. i, fig. 8 à 11, et pl. ii, fig. 3.

Station 144. — Drague et chalut. Profondeur : 22 mètres. — Quelques colonies toutes fixées sur *Crisia eburnea* (Linné); l'une d'elles, dont les appendices dorsaux sont très développés et portent d'autres cellules, a l'aspect d'un *Eucratea* comme l'indique Hincks (1).

Cette espèce, quoique pas très commune, a été signalée dans beaucoup de régions. Assez rare dans les régions septentrionales, elle a pourtant été signalée en Norvège par Smitt et dans le détroit du Kattégat par Levinsen ; elle devient très rare au-dessus de 57° Lat. N. Or, des échantillons proviennent du détroit de sortie de la mer Blanche, c'est-à-dire à 67° Lat. N.

(1) Hincks (T.). — *A History of the British marine Polyzoa* (Londres, 1880).

Genre **Gemellaria** Savigny, 1811.

GEMELLARIA LORICATA (Linné).

1755.   *Coat of Mail Coralline* Ellis Corall., p. 40, pl. xxi, fig. b, B.
1758.   *Sertularia loricata* Linné, Syst. nat., éd. 10, p. 815 .
1766.   *Cellularia loricata* Pallas, Elench. Zooph., p. 64.
1766-68.   *Sertularia loriculata* Linné, Syst. nat., éd. 12, p. 1314.
1816.   *Crisia loriculata* Lamx., Pol. Coral. flex., p. 140.
1821.   *Loricaria europea* Lamx., Expos. Méth., p. 7.
        Loricula loricata Cuvier, Règne Anim., éd. 2, [3], p. 303.
1845.   *Gemellaria loriculata* Van Ben., Recherches sur l'anatomie, p. 33, pl. v, fig. 1-7.
1847.   *Gemellaria loricata* Johnston., Brit. Zooph., éd. 2, pp. 293 et 477, pl. xlvii, fig. 12-13.
1853.   *Gemellaria loricata* Busk, Brit. Mus. Cat., vol. 1, p. 34, pl. xlv, fig. 5-6.
1867.   *Gemellaria loricata* Smitt, Oefvers. K. Vet. Akad. Förh., pp. 286 et 324, pl. xvii, fig. 54.

Station 144. — Drague et chalut. Profondeur : 22 mètres. — Très nombreuses colonies fixées sur *Hydrallmania falcata* Linné.

Genre **Cellularia** Pallas, 1766.

CELLULARIA PEACHII Busk.

1838.   *Cellularia neritina* (var.) Johnston, Brit. Zooph., 1ʳᵉ éd., p. 340.
1848.   *Bugula neritina* var. b, c, d. e. Gray, Cat. of. Radiata in Brit. Mus., p. 144.
1853.   *Cellularia Peachii* Busk., Brit. Mus. Cat., p. 20, pl. xxvii, fig. 3-4-5.
1867.   *Cellularia Peachii* Smitt, Krit. Fört. öfver Skand. Hafs. Bryoz., pp. 285 et 322, pl. xvii, fig. 51-53.
1880.   *Cellularia Peachii* Hincks, Brit. Mar. Polyz., p. 34, pl. v, fig. 2-5.

Station 143. — Drague. Profondeur : 69 mètres. — Plusieurs échantillons sans substratum. Quelques-uns pourvus d'une épine à l'angle extérieur de chaque zoécie ; d'autres, et de beaucoup les plus nombreux, dont les zoécies en sont complètement dépourvues. La cellule médiane de chaque

bifurcation présente rarement une épine, et les séries de trois ou cinq perforations à la surface dorsale font complètement défaut.

Je ne crois pas que deux de ces faits aient été relatés jusqu'ici. Il n'y a
pourtant aucun doute sur la détermination : zoécies bisériées dont l'ouver-
ture occupe les deux tiers de l'aréa frontal, les bords légèrement épaissis.
Les deux rangées de cellules ne présentent pas une surface plane, chacune
d'elles est inclinée extérieurement de sorte que la partie centrale de jonc-
tion paraît élevée. Sur certaines branches, les zoécies sont très inclinées
extérieurement, de sorte qu'en regardant la colonie de face, les branches
qui la composent paraissent triangulaires.

L'absence d'épine sur la cellule médiane prouve bien que sa présence
n'est pas un caractère distinctif de *C. Peachii*, comme le prétend Hincks(1).
Mais je ne prétends pas pour cela confirmer l'opinion de Busk, qui fait de
cette épine le caractère distinctif de *C. cuspidata* Busk, de l'Australie, n'ayant
jamais eu l'occasion de vérifier ce fait.

Assez répandu dans la région septentrionale à des profondeurs variant
entre 5o et 4oo mètres.

Genre **Menipea** Lamouroux, 1812.

Menipea ternata (Ellis et Solander).

1786. *Cellaria ternata* Ellis et Solander, Nat. Hist. Zooph., p. 3o.
1847. *Cellularia ternata* Johnston, Brit. Zooph., éd. 2, p. 335, pl. lix, fig. 1 et 2.
1852. *Menipea ternata* Busk, Brit. Mus. Cat., p. 21, pl. xx, fig. 3 à 5.
1880. *Menipea ternata* Hincks, Brit. Mar. Polyz., p. 38, pl. vi, fig. 1-4.

Station 144. — Drague et chalut. Profondeur : 22 mètres. — Nombreuses colonies sur *Hydrallmania falcata* Linné.

Station 146. — Drague. Profondeur : 3o mètres. — Petits fragments
de colonies dont les aviculaires sont peu développés et manquent parfois.
Les entre-nœuds comprennent trois ou cinq zoécies.

Très répandue dans toutes les régions arctiques.

(1) Hincks (T). — *Brit. Mar. Polyz.*, p. 36.

MENIPEA JEFFREYSII Norman ?

1868. *Menipea Jeffreysii*, Norman, Quart. Journ. Micros. Sc., [N. S.], vol. 8, p. 213.

1880. *Menipea Jeffreysii* Hincks, Brit. Mar. Polyz., p. 42, pl. IX, fig. 1 et 2.

Station 144. — Drague et chalut. Profondeur : 22 mètres. — C'est du moins ce que j'ai cru reconnaître dans le très petit fragment de colonie que j'ai examiné. Je puis en tous cas affirmer qu'il ne s'agit pas de *Cellularia ternata* Sol., forme *Duplex* Smitt, qui est une forme très voisine. Cette dernière espèce ne présentant ni les épines ni l'opercule dont j'ai retrouvé les débris sur le fragment considéré.

Signalé aux Shetland par Jeffreys et Norman.

Très rare.

Genre **Scrupocellaria** V. Beneden, 1844.

SCRUPOCELLARIA SCABRA (Van Beneden).

1848. *Cellarina scabra* Van Beneden, Bull. Acad. Roy. de Belgique, vol. 15, part. I, p. 73, fig. 3-6.

1864. *Scrupocellaria Delilii* Alder, On New Brit. Polyz., Micr. Journ., N. S., vol. 4, p. 107, pl. IV, fig. 4-8.

1867. *Cellularia scabra* Smitt, Krit. Fört., pp. 283 et 314, pl. XVII, fig. 27-34.

1868. *Scrupocellaria scabra* Norman, Quart. Journ. Microsc. Science, vol. 8, p. 214.

1880. *Scrupocellaria scabra* Hincks, Brit. Mar. Polyz., p. 48, pl. VI, fig. 7-11.

1900. *Scrupocellaria scabra* Waters, Bryoz. from Franz-Josef Land, p. 54, pl. VII, fig. 14-16.

Station 37. — Drague et chalut. Profondeur : 40 mètres. — Une colonie sur *Lithothamnium calcareum* Pallas ; une autre sur un débris de coquille.

Station 143. — Drague. Profondeur : 69 mètres. — Une dizaine de colonies en très bon état ; une d'entre elles est complètement dépourvue de vibraculaires (1), mais tous les autres caractères se rapportent bien à la

(1) Une erreur s'est glissée à ce propos dans une note préliminaire antérieurement publiée : G. GUÉRIN-GANIVET (Mᵐᵉ). — *Étude préliminaire des Bryoz. rapportés des côtes septen-*

description que donne Hincks (1) de cette espèce, au sujet de laquelle d'ailleurs l'absence de vibraculaire est indiquée pour beaucoup de zoécies.

Cette variation dans le nombre et la disposition des vibraculaires est d'ailleurs confirmée par Waters (2) qui, dans certaines colonies, a trouvé des vibraculaires à la face dorsale du zoarium, entre les bifurcations des branches, et parfois même en a constaté l'absence complète.

Genre **Caberea** Lamouroux, 1816.

CABEREA ELLISII (Fleming).

Flustra Ellisii Fleming, Mem. Nern. Soc., part. II, p. 251, pl. XVII, fig. 1 3.

1847. *Flustra setacea* Johnston, Brit. Zooph., ed. 2, p. 346.

1852. *Caberea Hookeri* Busk, Brit. Mus. Cat., part. I, p. 39, pl. XXXVII, fig. 2.

1867. *Caberea Ellisii* Smitt, Krit. Fört. öfver Skand. Hafs. Bryoz., pp. 287 et 327, pl. XVII, fig. 55-56.

1880. *Caberea Ellisii* Hincks, Brit. Mar. Polyz., p. 59, pl. XIII, fig. 6-8.

1884. *Caberea Ellisii* Hincks, Polyz. of the Queen Charlotte Islands, p. 5.

1905. *Caberea Ellisii* Robertson, Non-incrusting. Chilost. Bryoz. of the west coast of north America, p. 263, pl. VIII, fig. 40 et pl. IX, fig. 45-46.

Station 37. — Drague et chalut. Profondeur : 40 mètres. — Deux très petits fragments sur une Ascidie simple.

Station 143. — Drague. Profondeur : 69 mètres. — Une colonie détachée de son substratum. Cette espèce, déjà signalée dans différents points de la région arctique, semble assez répandue.

Genre **Bugula** Oken, 1815.

BUGULA NERITINA (Linné).

1758. *Sertularia neritina* Linné, Syst. Nat., éd. 10, p. 38.

1766. *Cellularia neritina* Pallas, Elenchus Zooph., p. 67.

---

trionales de l'Europe par l'expédition du « *Jacques Cartier* » en *1908* (Trav. Sc. Lab. Concarneau, t. II, fasc. 7, 1910, et *Bull. Inst. Océan.*, n° 207, 1911); j'avais en effet indiqué qu'aucun des échantillons examinés n'était pourvu de vibraculaires; en réalité, cette remarque ne s'applique qu'à l'une des colonies.

(1) HINCKS (T.). — 1880. *Brit. Mar. Polyz.*, p. 48.

(2) WATERS (A.-W.). — 1900. *Bryozoa from Franz-Josef. Land.*, p. 54 et 55.

1786. *Cellaria neritina* Ell. and Solander, Natural History of the Zoophyies, p. 22.

1815. *Bugula neritina* Oken, Lehr. Nat. Zool., p. 89.

1816. *Acamarchis neritina* Lamouroux, Hist. Polyp. corall. flex., p. 58, pl. III. fig. 2.

1847. *Cellularia neritina* Johnston, Brit. Zooph., p. 340, pl. LX, fig. 3-4.

1852. *Bugula neritina* Busk, Brit. Mus. Cat., p. 44, pl. XLIII, fig. 1-6.

1887. *Bugula neritina* Waters, Ann. Mag. Nat. History, [5], vol. XX, p. 91, pl. IV, fig. 3-15.

Station 144. — Drague et chalut. Profondeur : 22 mètres. — Une seule belle touffe sans subtratum.

BUGULA AVICULARIA (Linné).

1758. *Sertularia avicularia* Linné, Syst. Nat., éd. 10, p. 809.

1847. *Cellularia avicularia* Johnston, Brit. Zooph., éd. 2, p. 338.

1852. *Bugula avicularia* Busk, Brit. Mus. Cat., p. 45, pl. LIII.

1880. *Bugula avicularia* Hincks, Brit. Mar. Polyz., p. 75, pl. X, fig. 1 à 4.

Station 144. — Drague et chalut. Profondeur : 22 mètres. — Une colonie fixée sur *Flustra foliacea* Linné.

BUGULA MURRAYANA (Johnston).

1847. *Flustra Murrayana* Johnston, Brit. Zooph., éd. 2, p. 347, pl. LXIII, fig. 5 et 6.

1852. *Bugula Murrayana* Busk, Brit. Mus. Cat., p. 46, pl. LIX, fig. 1 et 2.

1867. *Bugula Murrayana* Smitt, Oefv. K. Vet-Akad. Förh., p. 291, pl. XVIII fig. 19-27.

1880. *Bugula Murrayana* Hincks, Brit. Mar. Polyz., p. 92, pl. XIV, fig. 2-9.

1900. *Bugula Murrayana* Waters, Bryoz. Franz-Josef Land, p. 52.

Station 37. — Drague et chalut. Profondeur : 40 mètres.

Station 143. — Drague. Profondeur : 69 mètres. — Cette espèce, vivant dans toutes les mers arctiques, est très abondante dans le fjord lapon situé au sud-ouest de Hammerfest. Parmi ces échantillons, j'ai trouvé deux formes différentes : l'une, la plus commune, est celle qui correspond au type normal de *Bugula Murrayana* (Johnston) ; l'autre, se rapprocherait beaucoup de la description que donne Alice Robertson [1] d'un *Bugula Murrayana* trouvé à Pribilof Island. Le nombre des épines varie de cinq à neuf de chaque côté ; plus larges que dans le type normal, elles sont très développées et se croisent parfois.

Les aviculaires marginaux sont très grands. Pas d'aviculaire à la partie supérieure des zoécies, mais de simples processus épineux. Zoécies très serrées et se recouvrant en partie.

Sur les substratum les plus variés : pierres, *Flustra foliacea* Linné, *Flustra securifrons* (Pallas), ascidies, éponges. Sur cette espèce se rencontrent souvent d'autres espèces de Bryozoaires : *Membranipora cymbæformis* Hincks, *Lepralia pertusa* (Esper).

Bugula Murrayana (Johnston)

var. fruticosa Packard.

1867. *Menipea fruticosa* Packard, Inv. Faun. Labrador, Boston, Soc. Nat. Hist., vol. I, p. 273.

1867. *Bugula Murrayana* forme *quadridentata* Smitt, Krit. Fört. öfver. Skand. Hafs. Bryoz., p. 292, fig. 25-27.

1880. *Bugula Murrayana* var. *fruticosa* Hincks, Brit. Mar. Polyz., p. 93, pl. xiv, fig. 3 et 5.

1881. *Bugula fruticosa* Busk, Jour. Lin. Soc., vol. XV, p. 233.

1900. *Bugula Murrayana* var. *fruticosa* Waters, Bryoz. from Franz-Josef Land, p. 53.

Station 37. — Drague. Profondeur : 40 mètres.

Station 143. — Drague. Profondeur : 69 mètres. — Deux colonies ; l'une sur Ascidie, l'autre sans substratum. Cette variété, qui a la même distribution géographique que l'espèce, paraît beaucoup moins abondante que celle-ci dans tous les points explorés par le *Jacques-Cartier*.

[1] Robertson (Alice). — *Non incrusting Chilostomatous Bryozoa of the west coast of north America.* (University of California publications-Zoology, vol. II, p. 267), 1905.

Genre **Cellaria** Lamouroux 1812.

CELLARIA FISTULOSA (Linné).

1758. *Eschara fistulosa* Linné, Syst. Nat., éd. 10, p. 804.
1828. *Farcimia fistulosa* Fleming, Brit. Anim., p. 534.
1838. *Salicornaria farciminoïdes* Johnston, Brit. Zooph., éd. 1, p. 295, pl. xxxvii, fig. 6 et 7.
1844. *Cellaria fistulosa* S. Wood. Ann. Mag. Nat Hist., vol. XIII, p. 17.
1867. *Cellaria fistulosa* Smitt, Krit. Fört. öfver Skand. Hafs. Bryoz., p. 362, pl. xx, fig. 18-20.
1880. *Cellaria fistulosa* Hincks, Brit. Mar. Polyz., p. 106, pl. xiii, fig. 1 à 4.
1882. *Cellaria fistulosa* Waters, Quart. Journ. Geol. Soc., p. 260 (On fossil Bryoz. from Mr. Gambier S. Australia).

Station 144. — Drague et chalut. Profondeur : 22 mètres. — Colonies fixées sur *Hydrallmania falcata* (Linné).

Genre **Tubucellaria** d'Orbigny.

TUBUCELLARIA OPUNTIOÏDES (Pallas).

1766. *Cellularia opuntioïdes* Pallas, Elenchus Zooph., p. 61.
1786. *Cellaria cereoïdes* Solander, Zooph., p. 26.
1867. *Tubucellaria cereoïdes* Heller, Bryoz. Adr., p. 85.
1884. *Tubucellaria opuntioïdes* Busk, Polyz. Rep. « Challenger », t. X, part. XXX, p. 100, pl. xxiv, fig. 7.

Station 143. — Drague. Profondeur : 69 mètres. — Une colonie et un fragment sans substratum.

Je ne crois pas que cette espèce ait été signalée jusque aujourd'hui à une latitude aussi élevée.

Elle a été signalée sur les rochers de Saint-Paul (Busk) ; dans le nord de l'Atlantique, près de l'Équateur ; dans la Méditerranée, à Banyuls (Pergens) ; à Naples (Costa, Waters) ; dans l'Adriatique (Heller) ; la mer Égée (Forbes) ; l'océan Indien (Reuss) ; la région de Cette (Calvet).

Genre **Flustra** Linné.

FLUSTRA FOLIACEA Linné.

1758. *Eschara foliacea* Linné, Syst. Nat., éd. 10, p. 804.

1766. *Eschara foliacea* Pallas, Elenchus. Zooph., p. 52.

1766-68. *Flustra foliacea* Linné, Syst. Nat., éd. 12, p. 1300.

1847. *Flustra foliacea* Johnston, Brit. Zooph., éd. 2, p. 342, pl. LXII, fig. 1 et 2.

1852. *Flustra foliacea* Busk, Brit. Mar. Cat., part. I, p. 47, pl. LV, fig. 4-5 ; pl. LVI, fig. 5.

1880. *Flustra foliacea* Hincks, Brit. Mar. Polyz., p. 115, pl. XVI, fig. 1, 1ᵃ, 1ᵇ, et pl. XIV, fig. 10.

Station 144. — Drague et chalut. Profondeur : 22 mètres.

Station 143. — Drague. Profondeur : 69 mètres. — Très abondante dans ces deux stations. Sert de substratum à de nombreuses colonies.

FLUSTRA SECURIFRONS (Pallas).

1758. *Eschara foliacea* Linné, Syst. Nat., éd. 10, p. 804.

1766. *Eschara securifrons* Pallas, Elenchus Zooph., p. 56.

1766-68. *Flustra truncata* Linné, Syst. Nat., éd. 12, p. 1300.

1847. *Flustra truncata* Johnston, Brit. Zooph., éd. 2, p. 344, pl. LXII, fig. 3-4.

1852. *Flustra truncata* Busk, Brit. Mus. Cat., p. 48, pl. LVIII, fig. 1 et 2 et pl. LVI, fig. 1 et 2.

1847. *Flustra papyracea* Dalyell, Rem. Anim., p. 19, pl. V, VI, VII (var.).

1848. *Chartella securifrons* Gray, Cat. Brit. An. Brit. Mus., p. 104.

1867. *Flustra securifrons* Smitt, Krit. Fört. öfver. Skand. Hafs. Bryoz., pp. 358 et 378, pl. XX, fig. 6-8.

1879. *Flustra truncata* Waters (1), Ann. Mag. Nat. Hist., [5], vol. 3, p. 119.

1880. *Flustra securifrons* Hincks, Brit. Mar. Polyz., p. 120, pl. XVI, fig. 3 et 3ᵃ.

(1) Cette indication synonymique est douteuse. La variété de *Flustra truncata* Linné trouvée par Waters * à Naples et qui est rangée par Miss Jelly ** dans *Flustra securifrons* doit, d'après Calvet ***, être rangée dans *Flustra papyracea* Solander, dont on doit compléter la diagnose en mentionnant la présence d'aviculaires.

* WATERS (A.-W.). — *Bryoz. Bay of Naples*, Ann. Mag. Nat. Hist., [5],vol. III, p. 119, 1879.
** JELLY (Miss E.-C.). — *A synonymic catalogue of marine Bryozoa*, p. 104, 1889.
*** CALVET (L.). — *Bryozoaires marins de la région de Cette*. (Trav. Inst. Zool. Montpellier, [2], Mém. II, 1902).

3

Station 143. — Drague. Profondeur : 69 mètres.

Les matériaux de cette station ont fourni de très nombreux exemplaires de cette espèce sur lesquels se trouvent des Bryozoaires divers : *Schizopocella hyalina* (Linné), *Lichenopora hispida* (Fleming), *Cribrilina annulata* (Fabricius), *Bugula Murrayana* (Johnston).

FLUSTRA MEMBRANACEO-TRUNCATA Smitt

1867. *Flustra membranaceo-truncata* Smitt, Krit. Fört. öfver. Skand. Hafs. Bryoz., p. 358.

1878-79. *Flustra membranaceo-truncata* Vigelius, Bryoz. Barentz, p. 11.

1886. *Flustra membranaceo-truncata* Levinsen, Bryoz. Kara.-Havet, p. 9.

Station 143. — Drague. Profondeur : 69 mètres. — Cette *Flustra* est très abondante dans les matériaux rapportés par l'expédition, et tous les échantillons sont fixés à la base des colonies de *Flustra foliacea* Linné. Les zoécies sont presque toutes hexagonales.

Genre **Membranipora** Blainville 1834.

MEMBRANIPORA MONOSTACHYS Busk.

1850.51. *Flustrellaria pustulosa* d'Orb., Pal. Franç., Terr. Cret., [5], p. 526, pl. DCCXXV, fig. 22-25.

1852. *Flustra distans* Landsborough, Pol. Hist. Brit. Zooph., p. 354 (non *Flustra distans* Hassall) (d'après Hincks).

1852. *Membranipora monostachys* Busk, Brit. Mus. Cat., part. II, p. 61, pl. LXX, fig. 1-4.

1859. *Membranipora monostachys* Busk, Crag. Pol., p. 31, pl. II, fig. 2.

1861. *Membranipora monostachys* Hincks, Ann. Nat. Hist., [3], pl. IX, fig. 28.

1867. *Membranipora pilosa* forme *monostachys* Smitt, Oefvers. K. Vet. Ak. Förh., pp. 370 et 416.

1880. *Membranipora monostachys* Hincks., Brit. Mar. Polyz., p. 131, pl. XVII, fig. 3-4 et pl. XVIII, fig. 1-4.

Station 143. — Drague. Profondeur : 69 mètres. — De nombreux échantillons sur galets de quartz.

MEMBRANIPORA PILOSA (Linné) Farre.

1766-68. *Flustra pilosa* Linné, Syst. Nat., éd. 12, p. 1301.

1766. *Eschara pilosa* Pallas, Elench. Zooph., p. 50.

1837. *Membranipora pilosa* Farre, On the min. struct. Polypi., Philos. Trans., p. 412, pl. xxvii, fig. 1-5.

1853. *Membranipora pilosa* Busk, Brit. Mus. Cat., p. 56, pl. lxxi.

1880. *Membranipora pilosa* Hincks, Brit. Mar. Polyz., p. 137, pl. xxiii, fig. 1-4.

Station 144. — Drague et chalut. Profondeur : 22 mètres. — Cette espèce est extrêmement répandue dans le détroit de sortie de la mer Blanche; elle recouvre les tiges d'*Hydrallmania falcata* Linné qui ont été draguées en grande quantité en cet endroit.

MEMBRANIPORA CRATICULA Alder.

1844. *Flustra lineata* Couch, Corn. Faun., part. III, pl. xxii, fig. 15?

1857. *Membranipora craticula* Alder, North. Cat., Trans. Tyneside Field Club, vol. III, p. 144, pl. viii, fig. 3.

1867. *Membranipora lineata* forme *craticula* Smitt, Oefvers. K. Vet. Ak. Förh., p. 363.

1880. *Membranipora craticula* Hincks, Brit. Mar. Polyz., p. 147, pl. xix, fig. 7.

1886. *Membranipora craticula* Lorenz, Bryoz. von Jan. Mayen, p. 3.

1886. *Membranipora craticula* Levinsen, Bryoz. fra Kara-Havet, p. 13.

Station 37. — Drague et chalut. Profondeur : 40 mètres. — Sur une Ascidie simple. Rare dans les matériaux recueillis par le *Jacques-Cartier*.

MEMBRANIPORA ARCTICA d'Orbigny.

1850-52. *Reptoflustrella arctica* d'Orbigny, Paleont. Fr., Terr. Crét., p. 571. *Semiflustrellaria arctica* d'Orbigny, m. s. [S].

1867. *Membranipora arctica* Smitt, Krit. Fört. öfver. Hafs. Bryoz., p. 367, pl. xx, fig. 33-36.

1886. *Membranipora arctica* Lorenz, Bryoz. von Jan Mayen, p. 85, pl. vii, fig. 1.

1900. *Membranipora arctica* Waters, Bryoz. from. Franz-Josef Land, p. 60.

Station 37. — Drague et chalut. Profondeur : 4o mètres. — Sur un fragment de coquille, le nombre des épines est de quatre (deux de chaque côté); sur une grande colonie, je n'ai trouvé que trois ou quatre zoécies pourvues de six épines.

Cette espèce assez rare a été signalée au Spitzberg, au Groenland, à l'île Jan Mayen, à la presqu'île Kola, sur les côtes de la Norvège, à Assistance Bay (Busk), dans le golfe de Saint-Lawrence (coll. Waters), à la terre Franz-Josef (Ridley).

MEMBRANIPORA CYMBÆFORMIS Hincks.

1867. *Membranipora spinifera* Smitt, Krit. Fört. öfver Skand. Hafs Bryozoa, p. 366. pl. xx, fig. 32.

1877. *Membranipora cymbæformis* Hincks, Ann. Mag. Nat. Hist., [4], vol. xix, pp. 99-110-149.

1886. *Membranipora cymbæformis* Lorenz, « Bryoz. Jan Mayen ».

1886. *Membranipora cymbæformis* Levinsen, Bryoz. fra Kara-Havet, p. 12.

1888. *Membranipora cymbæformis* Hincks, Ann. Mag. Nat. Hist., [6], vol, I, p. 217.

Station 143. — Drague. Profondeur : 69 mètres. — Plusieurs exemplaires qui, je pense, doivent se rapprocher d'une espèce que Waters (1) décrit comme étant intermédiaire entre *Membranipora spinifera* Johnston et *Membranipora cymbæformis* Hincks. Le nombre des épines varie de sept à dix, mais presque toutes les zoécies en ont huit. Les épines sont massives, bien développées, atteignant parfois une longueur égale aux deux tiers de celle des zoécies, non recourbées intérieurement (comme elles le sont dans *Membranipora spinifera* Johnston), à la partie inférieure, quand, par exception, elles sont présentes. Sur *Sertularia abietina* (Linné) et *Bugula Murrayana* (Johnston).

MEMBRANIPORA FLEMINGII Busk.

1838. *Flustra tuberculata* Johnston, Brit. Zooph., éd. 1, pag. 289.

1853. *Membranipora Flemingii* Busk, Brit. Mus. Cat., pag. 58, pl. LXXXIV, fig. 3 à 5.

(1) WATERS (A.-W.). — Bryoz. from Franz-Josef Land, p. 61, 1900,

1867. *Membranipora Flemingii* Heller, Bryoz. Adriat., pag. 97.

1880. *Membranipora Flemingii* Hincks, Brit. Mar. Polyz., p. 162, pl. xxi, fig. 1 à 3.

Station 37. — Drague et chalut. Profondeur : 40 mètres. — Un petit nombre d'exemplaires, dont les épines sont peu développées. Sur des Ascidies et des coquilles. Cette espèce n'est pas très commune dans les mers arctiques. Elle a été signalée sur les côtes d'Angleterre, où elle est assez répandue; à l'est du Groënland (Kirchenpauer); sur les côtes danoises (Levinsen); sur les côtes françaises de la Manche; dans l'océan Atlantique, dragages du *Travailleur* et du *Caudan* (Calvet); à Naples (Waters) et dans l'Adriatique (Heller).

MEMBRANIPORA TRIFOLIUM (S. Wood).

1844. *Flustra trifolium* (Searles Wood), Ann. Nat. Hist , [1], vol. xiii, p. 20

1859. *Membranipora trifolium* Busk, Crag. Polyz , p. 32, pl. iii, fig 1, 2, 3 et 9.

1860. *Membranipora solida* Packard, Labrador Anim., p. 8, fig. 2.

1864. *Membranipora sacculata* Norman, Ann. Nat. Hist., [3], vol. XIII, p. 88, pl. xi, fig 3.

1867. *Membranipora Flemingii* forme *trifolium* Smitt, Oefv. K. Vetensk-Akad. Förh., Krit. Förteckn., pp. 367 et 405, pl. xx, fig. 42.

1880. *Membranipora trifolium* Hincks, Brit. Mar. Polyz., p 167, pl. xxii, fig. 5 et 6.

Station 37. — Drague et chalut. Profondeur : 40 mètres. — Un fragment de colonie sur un débris de coquille.

Genre **Cribilina** Gray, 1848.

CRIBRILINA PUNCTATA (Hassall), 1841.

1841. *Lepralia punctata* Hassall, Ann. Mag. Nat. Hist , vol. VII, p. 368

1847. *Lepralia punctata* Johnston, Brit. zooph., éd. 2, pp. 312 et 478.

1848. *Cribrilina punctata* Gray, Cat. of the Brit. Anim., vol. I, p. 117.

1859. *Lepralia punctata* Busk, Crag. Polyz., p. 40.

1867. *Escharipora punctata* Smitt, Krit. Fört. öfver. Skand. Hafs. Bryoz., p. 4, pl. xxiv, fig 4-7.

1880. *Cribrilina punctata* Hincks, Brit. Mar. Polyz., p. 190, pl. xxvi, fig. 1-4 et
pl. xxiv, fig. 3.

1900. *Cribrilina punctata* Waters, Bryoz. from Franz-Josef Land., p. 62, pl. viii,
fig. 22.

Station 37. — Drague et chalut. Profondeur : 40 mètres. — Cette
espèce est exactement la même que celle décrite et trouvée par Waters (1)
dans les matériaux de la « Jackson Harmsworth Expedition » (1896-97).
Cette espèce, qui a été signalée par plusieurs auteurs dans les mers arctiques
et l'Atlantique nord, aurait également été retrouvée dans l'hémisphère
austral par 74° lat. sud et 172° long. est. Il est intéressant, malgré le doute
émis à ce sujet par Waters, de constater que *Cribrilina punctata*, s'il a été
vraiment recueilli dans l'hémisphère austral, a été précisément retrouvé sur
la même forme que l'échantillon récolté au cours de l'expédition du
Jacques-Cartier. Il faudrait conclure, dans ce cas, que *Hornera lichenoïdes*
Pont. paraîtrait avoir une répartition géographique analogue à celle de
Cribrilina punctata; et cette constatation ne confirme pas plus qu'elle
n'infirme l'opinion de Waters quant à la confusion possible, et assurément
regrettable, survenue dans le classement des échantillons lors de l'expédition
antarctique commandée par Sir John Ross.

CRIBRILINA ANNULATA (Fabricius).

1780. *Cellepora annulata* Fabricius, Faun. Grönl. p. 436.

1788-1793. *Cellepora annulata* Linné, Syst. Nat., éd. Gmel., p. 3792.

1847. *Lepralia annulata* Johnston, Brit. Zooph., éd. 2, p. 312.

1853. *Lepralia annulata* Busk, Brit. Mus. Cat., part. 2, p. 76.

1867. *Escharipora annulata* Smitt, Krit. Fört. öfver Skand. Hafs. Bryoz., p. 4,
pl. xxiv, fig. 8-10.

1880. *Cribrilina annulata* Hincks, Brit. Mar. Polyz., p. 193, pl. xxv, fig. 11 et 12.

1886. *Cribrilina annulata* Levinsen, Bryoz. Kara-Havet, p. 317.

1900. *Cribrilina annulata* Waters, Bryoz. from Franz-Josef Land, p. 64, pl. viii,
fig. 21.

Station 143. — Drague. Profondeur: 69 mètres. — Une colonie sur
polypier, une dizaine sur *Flustra securifrons* (Pallas) et une sur un galet
de quartz.

(1) WATERS (A.-W.). — Bryoz. from Franz-Josef Land, p. 62, pl. viii, fig. 22.

La forme décrite par Waters [1] sous le nom de *Cribrilina annulata* est un peu différente. Elle diffère de l'espèce type par la présence de processus calcaires à la place des épines.

Forme essentiellement septentrionale.

Genre **Microporella** Hincks, 1877.

MICROPORELLA CILIATA (Pallas).

1766. *Eschara ciliata* var. b. Pallas, Elenchus Zoophyt., p. 38.
1847. *Lepralia ciliata* Johnston, Brit. Zooph., éd. 2, p. 323, pl. LVII, fig. 4 et 5.
1853. *Lepralia ciliata* Busk, Brit. Mus. Cat., p. 73, pl. LXXIV, fig. 1-2 et pl. LXXVII, fig. 3 à 5.
1880. *Microporella ciliata* Hincks, Brit. Mar. Polyz., p. 206, pl. XXVIII, fig. 1 à 8.
1882. *Microporella ciliata* Hincks, Polyz. Queen Charlotte Island, Ann. Mag. Nat. Hist., p. 14.

Station 37. — Drague et chalut. Profondeur: 40 mètres. — Assez abondante sur les pierres. L'une d'elles présente quelques zoécies dont les pores sont légèrement élevés; les oécies radiées vers le centre qui est également proéminent. Les aviculaires présentent tantôt la mandibule simple, tantôt la mandibule prolongée en une épine vibraculoïde.

Très cosmopolite.

MICROPORELLA SPATULIFERA (Smitt).

1867. *Lepralia spatulifera* Smitt, Krit. Fört. öfver Skand. Hafs. Bryoz., pp. 20 et 124, pl. XXVI, fig. 94 à 98.
1886. *Lepralia spatulifera* Lorenz, Bryoz. « Jan Mayen », p. 89.
1900. *Microporella spatulifera* Waters, Bryoz. from Franz-Josef Land, p. 87, pl. XII, fig. 6.

Station 37. — Drague et chalut. Profondeur: 40 mètres. — Cette espèce, draguée en assez grande quantité dans le fjord lapon situé au sud-ouest de Hammerfest, se présente sous trois formes un peu différentes:

[1] WATERS (A.-W). — *Bryoz. from Franz-Josef Land*, p. 64, pl. VIII, fig. 21, 1900.

l'une est typique, pourvue d'appendices, d'épines et d'aviculaires ; la seconde est dépourvue d'épine (sur coquille dans les échantillons examinés), et enfin, la troisième forme, plus différenciée, est dépourvue des aviculaires latéraux ; toutefois, lorsque ceux-ci sont présents, ils ne sont pas placés symétriquement par rapport à l'axe de la zoécie.

Relativement assez rare. Signalé au Spitzberg (Smitt), en Finlande (Smitt), à l'île Jan-Mayen (Lorenz), dans le golfe de Saint-Lawrence (col. de M. Waters), et recueilli par la « Jackson-Harmsworth Expedition », près de Wilzeck-Land.

Généralement par des fonds variant de 100 à 200 mètres.

Genre **Schizoporella** Hincks, 1880.

Schizoporella Alderi (Busk).

1856. *Alysidota Alderi* Busk, Quart. Journ. Micr. Science, vol. IV, p. 311, pl. ix, fig. 6 et 7.

1860. *Lepralia Barleei* Busk, Quart. Journ. Micr. Sc., vol. VII, p. 143, pl. xxvi, fig. 1 et 2.

1868. *Alysidota Alderi* Norman, Brit. Anim., p. 306.

1867. *Mollia vulgaris* forma *ansata* Hippothoid var. Smitt, Krit. Fört. öfver Skand Hafs. Bryoz., vol. IV, pp. 15 et 104, pl. xxv, fig. 81[1], (?) 79.

1880. *Schizoporella Alderi* Hincks, Brit. Mar. Polyz., p. 243, pl. xxxvi, fig. 9, 9[a], 10.

Station 37. — Drague et chalut. Profondeur : 40 mètres. — Cette espèce est assez grandement représentée parmi les matériaux rapportés par le *Jacques-Cartier*. Les zoécies de l'une des colonies sont toutes pourvues de deux aviculaires et les « umbo » très peu proéminents, la plupart en sont même dépourvus. Sur galets de quartz.

Cette espèce, très rare, a été signalée aux îles Shetland où elle est assez commune, à Hammerfest (Loven), à Bergen, et sur les côtes de Norvège.

Schizoporella linearis (Hassall).

1841. *Lepralia linearis* Hassall, Ann. Mag. Nat. Hist., vol. VII, p. 368, pl. ix, fig. 8.

1853. *Lepralia linearis* Busk, Brit. Mus. Cat., part. II, p. 71, pl. lxxxix, fig. 1 à 3.

1867. *Escharella linearis* forme *linearis* Smitt, Krit. Fört. öfver Skand. Hafs.
Bryoz., p. 13, pl. xxiv, fig. 68-69.

1880. *Schizoporella linearis* Hincks, Brit. Mar. Polyz., p. 247, pl. xxiv, fig. 1,
pl. xxxviii, fig. 5 à 10.

1886. *Schizoporella linearis* Lorenz, Bryoz. Jan Mayen, p. 5.

Station 37. — Drague et chalut. Profondeur : 40 mètres. — Une
colonie sur *Lithothamnium calcareum* (Pallas).

Cette espèce, quoique signalée dans presque toutes les mers, ne paraît
pas très commune dans la région arctique.

SCHIZOPORELLA AURICULATA (Hassall).

1841. *Lepralia auriculata* Hassall, Ann. Mag. Nat. Hist., vol. VII, p. 412.

1847. *Lepralia auriculata* Johnston, Brit. Zooph., p. 310, pl. liv, fig. 8.

1880. *Schizoporella auriculata* Hincks, Brit. Mar. Polyz., p. 260, pl. xxix, fig. 3
à 9.

1902. *Schizoporella auriculata* L. Calvet, Bryoz. Mar. Région de Cette, p. 43.

Station 37. — Drague et chalut. Profondeur : 40 mètres. — Cette
espèce est représentée par plusieurs échantillons fixés sur des fragments de
coquilles indéterminables et sur *Lithothamnium calcareum* (Pallas).

SCHIZOPORELLA SINUOSA (Busk).

1860. *Lepralia sinuosa* Busk, Quart. Journ. Micr. Science., p. 125, pl. xxiv, fig. 2
et 3.

1867. *Escharella linearis* forma *secundaria* Smitt, Oefv. K. Vetensk-Ak. Förh.
Bihang., pp. 14 et 99, pl. xxiv, fig. 74 à 77.

1874. *Lepralia sinuosa* Kirchenpauer, Cat. E. Grönl., p. 421.

1880. *Schizoporella sinuosa* Hincks, Brit. Mar. Polyz., p. 266, pl. xlii, fig. 1 à 6.

1886. *Schizoporella sinuosa* Lorenz, Bryoz. « Jan Mayen ».

Station 37. — Drague et chalut. Profondeur : 40 mètres. — Cette
espèce est excessivement abondante. J'ai trouvé des échantillons correspon-
dant à tous les âges, sur des fragments de coquilles Quelques zoécies sont

4

pourvues d'un pore médian, d'autres sont simplement finement granuleuses.

Schizoporella cruenta (Norman).

1853. *Lepralia violacea* var. *cruenta* Busk, Brit. Mus. Cat., p. 69.

1864. *Lepralia cruenta* Norman, Ann. Mag. Nat. Hist., [III], vol XIII.

1871. *Discopora cruenta* Smitt, Kritisk Fört. öfver. Skand. Hafs. Bryoz., p. 1127.

1880. *Schizoporella cruenta* Hincks, Brit. Mar. Polyz., p. 270, pl. xxx, fig. 5.

1881. *Schizoporella cruenta* Ridley, Ann. Mag. Nat. Hist., p. 449, pl. xxi, fig. 4.

1900. *Lepralia cruenta* Waters, Bryoz. from Franz-Josef Land, p. 73.

Station 37. — Drague et chalut. Profondeur : 4o mètres. — Sur une pierre. Cette espèce est une forme septentrionale; elle a été signalée au Spritzberg (Smitt), au Groënland, en Finlande, dans le Matotschkin Schaar, dans le golfe de Saint-Lawrence (Hincks), à la terre Franz-Josef (Waters), à Hammerfest (Nordgaard) et dans les mers britanniques.

Schizoporella hyalina (Linné).

1766-68. *Cellepora hyalina* Linné, Syst. Nat., éd. 12, p. 1286.

1847. *Lepralia hyalina* Johnston, Brit. Zooph., éd. 2, p. 301, pl. liv, fig. 1.

1867. *Mollia hyalina* forme *hyalina* Smitt, Krit. Fört. öfver. Skand. Hafs. Bryoz., p. 16.

1880. *Schizoporella hyalina* Hincks, Brit. Mar. Polyz., p. 271, pl. xii, fig. 8 à 10, pl. xlv, fig. 2.

1886. *Schizoporella hyalina* Lorenz, Bryoz. Jan Mayen, p. 6.

1886. *Schizoporella hyalina* Levinsen, Bryoz. fra Kara-Havet, p. 13.

1900. *Hippothoa hyalina* Waters, Bryoz. from Franz-Josef Land., p. 70, pl. viii, fig. 16-18.

Station 143. — Drague. Profondeur : 69 mètres. — Nombreux échantillons sur *Flustra securifrons* (Pallas).

Station 37. — Pêches au haveneau, radeau et faubert. Profondeur jusqu'à 5 et 6 mètres. — Une très belle colonie sur un débris d'algue, avec quelques jeunes colonies de *Crisia denticulata* M.-Edw. et *Crisia eburnea* (Linné).

Très cosmopolite. A été signalée dans toutes les mers arctiques.

SCHIZOPORELLA TUMULOSA Hincks.

1884. *Schizoporella tumulosa* Hincks, Polyz. Queen Charlotte Islands, p. 19, pl. XII, fig. 2.

1908. *Schizoporella tumulosa* A. Robertson, The incrusting Chilostomatous Bryoz. of the west coast of North America, p. 293, pl. XX, fig. 53.

Station 143. — Drague. Profondeur : 69 mètres. — Cette espèce n'est représentée que par un seul échantillon sur pierre. Les zoécies sont modérément convexes et les aviculaires situés sur le côté du sinus schizoporellien sont très peu apparents et passeraient inaperçus à un examen rapide. Pas une seule zoécie n'est pourvue de l'aviculaire très élevé que Hincks signale comme commun sur la base de l'aréa frontal.

Genre **Lepralia** Hincks 1880.

LEPRALIA PALLASIANA (Moll).

1803. *Eschara Pallasiana* Moll, Die Seerinde, p. 64, pl. III, fig. 13.

1853. *Lepralia Pallasiana* Busk, Brit. Mus. Cat., p. 81, pl. LXXXIII, fig. 1 et 2.

1880. *Lepralia Pallasiana* Hincks, Brit. Mar. Polyz., p. 297, pl. XXIV, fig. 4, et pl. XXXIII, fig. 1-3.

1867. *Lepralia Pallasiana* Smitt, Krit. Fört. öfver. Skand. Hafs. Bryoz., p. 19.

Station 144. — Drague et chalut. Profondeur : 22 mètres. — Un seul fragment de colonie sans substratum.

LEPRALIA FOLIACEA (Ellis et Solander).

1786. *Millepora foliacea* Ellis et Solander, Zooph., p. 133.

1836. *Eschara foliacea* Lamarck, Anim. s. vertèbres, éd. 2, p. 266.

1847. *Eschara foliacea* Johnston, Brit. Zooph., éd. 2, p. 350.

1852. *Eschara foliacea* Busk, Brit. Mus. Cat., p. 89, pl. cvi, fig. 4-7.

1867. *Eschara foliacea* Heller, Bryoz. Adr , p. 114.

1879. *Eschara foliacea* Waters, Ann. Mag. Nat. Hist., [V], vol. III, pp. 43 et 114.

1880. *Lepralia foliacea* Hincks, Brit. Mar. Polyz., p. 300, pl. xlvii, fig. 1-4.

1882. *Lepralia foliacea* Waters, On fossil Bryoz from M. Gambier, S. Australia, p. 269.

Sation 37. — Drague et chalut. Profondeur : 40 mètres. — Cette espèce habite l'hémisphère nord, mais n'a pourtant pas été signalée jusqu'ici à de très hautes latitudes.

Signalée sur les côtes d'Angleterre, de France, dans la Méditerranée, dans l'Adriatique, l'océan Indien et sur les côtes de l'Alaska.

Lepralia pertusa (Esper).

1794. *Cellepora pertusa* Esper, Pflanz. Cellep., p. 149, pl. x, fig. 2.

1816. *Cellepora pertusa* Lamouroux, Polyp. Coral. flex., p. 89.

1836. *Escharina pertusa* Lamarck, An. s. vert., éd. 2, vol. II, p. 232.

1847. *Lepralia pertusa* Johnston, Brit. Zooph.,éd. 2, p. 311, pl. liv, fig. 10.

1853. *Lepralia pertusa* Busk, Brit. Mus. Cat., p. 80, pl. lxxviii, fig. 1-3, et pl. lxxix, fig. 1-2.

1880. *Lepralia pertusa* Hincks, Brit. Mar. Polyz., p. 305, pl. xliii, fig. 4-5.

Station 143. — Drague. Profondeur : 69 mètres. — Nombreuses colonies sur *Bugala Murrayana* (Johnston), *Flustra securifrons* (Pallas), *Lepralia foliacea* Linné, et des Hydraires.

Un des échantillons possède une zoécie pourvue d'un aviculaire placé sur le côté, comme l'indique Hincks, et cinq autres pourvues d'un aviculaire placé immédiatement sous l'orifice zoécial et au milieu.

Cette espèce n'a jamais été signalée à une latitude aussi élevée.

Lepralia hippopus Smitt.

1867. *Lepralia hippopus* Smitt, Krit. Fört. öfver Skand. Hafs-Bryoz , pp. 20 et 127, pl. xxvi, fig. 99 à 105.

1880. *Lepralia hippopus* Hincks, Brit. Mar. Polyz., p. 309, pl. xxxiii, fig. 8 et 9.

1900. *Lepralia hippopus* Waters, Bryoz. from Franz-Josef Land, p. 75, pl. viii, fig. 20.

Station 143. — Drague. Profondeur : 69 mètres. — Plusieurs belles colonies sur une pierre. Les aviculaires élevés et de grandeur anormale que signale Hincks (1) sont assez nombreux, surtout parmi les zoécies ovicellées. Les ovicelles sont relativement proéminentes, mais elles sont presque toutes dépourvues de mucron.

Signalée au Spitzberg, au Groënland et en Finlande; dans le golfe de Saint-Lawrence, sur les côtes du Northumberland et rapportée des côtes de la terre François-Joseph par la « Jackson-Harmsworth Expedition ».

LEPRALIA POLITA Norman.

1864. *Lepralia polita* Norman, Ann. Mag. Nat. Hist., [III], vol. xiii, p. 87, pl. xi.
1880. *Lepralia polita* Hincks, Brit. Mar. Polyz., p. 315, pl. xxxii, fig. 1 et 5.

Station 37. — Drague et chalut. Profondeur : 40 mètres. — Cette espèce est excessivement rare; elle n'a été signalée que par Norman en 1864 et Hincks (Shetland, 130 à 180 mètres; the Minch, Hébrides). Plusieurs colonies sur la même pierre. Les zoécies de l'une d'elles possèdent presque toutes leurs épines (quatre pour la plupart, quelques-unes cinq), ce qui est signalé comme assez rare par Hincks (2).

LEPRALIA SINCERA (Smitt).

1867. *Discopora sincera* Smitt, Krit. Fört. öfver. Skand. Hafs-Bryoz., p. 28, pl. xxvii, fig. 178 à 180.
1877. *Lepralia sincera* Hincks, Ann. Mag. Nat. Hist., [IV], vol. xix, p. 102.
1881. *Hemeschara sincera* Busk, Journ. Lin. Soc., vol. xv, p. 237.
1886. *Lepralia sincera* Lorenz, Bryoz. Jan Mayen, p. 6.
1900. *Lepralia sincera* Waters, Bryoz. from Franz-Josef Land. p. 72, pl. viii, fig. 2.

(1) HINCKS (T.). — *Brit. Mar. Polyz.*, p. 309, 1880.
(2) HINCKS (T.). — *Brit. Mar. Polyz.*, p. 315, 1880.

Station 37. — Drague et chalut. Profondeur : 4o mètres. De cette forme essentiellement du nord, je n'ai trouvé qu'une colonie sur *Cellepora incrassata* Lamarck.

Genre **Umbonella** Hincks 188o.

Umbonella verrucosa (Esper).

179¹-97. *Cellepora verrucosa* Esper, Pflanzen, pl. ɪɪ, fig. ɪ et 2.

1847. *Lepralia verrucosa* Johnston, Brit. Zooph., éd. 2, p. 3ɪ6.

185\4. *Lepralia verrucosa* Busk, Brit. Mus. Cat., part. ɪɪ, p. 68, pl. ʟxxxvɪɪ, fig. 3 et 4, et pl. xcɪv, fig. 6.

188o. *Umbonella verrucosa* Hincks, Brit. Mar. Polyz., p. 3ɪ7, pl. xxxɪx, fig. ɪ et 2.

1886. *Umbonella verrucosa* Levinsen, Bryoz. fra Kara-Havet, p. ɪ4.

Station 37. — Drague et chalut. Profondeur : 4o mètres. — Une seule colonie, sur un débris d'algue, ayant les caractères des individus des grands fonds. Très rare dans la région arctique,où elle n'a été signalée qu'au Groenland ; plus commune sur les côtes britanniques, sur les côtes françaises, à Naples et Capri (Waters), dans l'Adriatique (Heller).

Genre **Myriozoum** Donati 175ɪ.

Myriozoum truncatum (Pallas).

1766. *Millepora truncata* Pallas, Elenchus Zooph., p. 249.

1766-68. *Millepora truncata* Linné, Syst. Nat., éd. ɪ2, p. ɪ283.

182ɪ. *Millepora truncata* Lamx, Expos. Méth., p. 47.

185o-1852. *Myriozoum truncatum* d'Orbigny, Pal. Franç., Ter. Crét., p. 662.

1879. *Myriozoum truncatum* Waters, Bryoz. Bay Naples, Ann. Mag. Nat. Hist., [v], vol. III, p. 20ɪ.

19oo. *Myriozoum truncatum* Waters, Bryoz. from Franz-Josef Land, p. 67.

Station 37. — Drague et chalut. Profondeur : 4o mètres. — Une dizaine de beaux fragments, assez grands et en très bon état. Cette espèce, assez commune dans les terrains tertiaires (miocène et pliocène seulement), n'a été signalée vivante que dans la Méditerranée, l'Adriatique et l'Atlantique nord.

Il est donc intéressant de noter sa présence à 70° 36' latitude nord et 21° 7' longitude est.

Myriozoum coarctatum Sars.

1850. *Cellepora coarctata* Sars, Nyt. Mag. f. Naturv., vol. vi, p. 148.

1862. *Leieschara coarctata* Sars, Beskr. N. Polyz., p. 155.

1877. *Myriozoum coarctatum* Hincks, Ann. Mag. Nat. Hist., [iv], vol. xix, p. 106.

1881. *Myriozoum coarctatum* Busk, Jour. Linn. Soc., vol. xv, p. 235.

1900. *Myriozoum coarctatum* Waters, Bryoz. from Franz-Josef Land, p. 68, pl. ix, fig. 2 et 3.

Station 37. — Drague et chalut. Profondeur : 40 mètres. — Quelques échantillons sans substratum. Sans être commune, cette espèce a été assez fréquemment trouvée dans la région tout à fait septentrionale, à des profondeurs variant de 30 à 400 mètres.

Genre **Porella** Gray, 1848.

Porella concinna (Busk)

var. Belli Dawson.

1854. *Lepralia concinna* Busk, Brit. Mus. Cat., part. ii, p. 67, pl. xcix.

1880. *Porella concinna* Hincks, Brit. Mar. Polyz., p. 323, pl. xlvi.

1884. *Porella concinna* Hincks, Ann. Mag. Nat. Hist., vol. xiii, p. 50.

1900. *Porella concinna* Waters, Bryoz. from Franz-Josef Land, p. 77, pl. xi, fig. 9 et 10.

1902. *Porella concinna* Calvet, Bryoz. région de Cette, p. 53.

Station 143. — Drague. Profondeur : 69 mètres. — Une colonie sur balane.

Station 37. — Drague et chalut. Profondeur : 40 mètres. — Tous les échantillons se rapportent bien à la figure 2 de Hincks (1); les sinuosités

(1) Hincks (T.). — *Brit. Mar. Pol.*, p. 323, pl. 46, fig. 2 (1880).

que décrit le bord de l'aréa frontal sont très évidentes, ainsi que les prolon-
gements digitiformes de chaque côté de l'orifice zoécial, mais les pores
marginaux sont très peu apparents et font parfois défaut.

PORELLA COMPRESSA (Sowerby).

1806. *Millepora compressa* Sowerby, Brit. Miscel., p. 83, pl. XLI.

1847. *Cellepora cervicornis* Johnston, Brit. Zooph., éd. 2, p. 298, pl. LIII.

1854. *Eschara cervicornis* Busk, Brit. Mus. Cat., p. 92, pl. CIX, fig. 7 et pl. CXIX,
fig. 1.

1867. *Eschara cervicornis* forme *Escharæ* Smitt, Krit. Fört. öfver. Skand. Hafs.
Bryoz., pp. 23 et 149, pl. XXVI, fig. 138 et 139.

1880. *Porella compressa* Hincks, Brit. Mar. Polyz., p. 330, pl. XLV, fig. 4 à 7.

1886. *Porella compressa* Lorenz, Bryoz. von Jan Mayen, p. 90.

1900. *Porella compressa* Waters, Bryoz. from Franz-Josef Land, p. 77, pl. XI,
fig. 3, 4 et 5.

Station 143. — Drague. Profondeur : 69 mètres. — Plusieurs fragments servant eux-mêmes de substratum à deux colonies de *Diplopora
obelia* var. *arctica* Waters.

Genre **Escharoïdes** Smitt 1867.

ESCHAROIDES SARSII Smitt.

1834. *Eschara grandipora* Blainv., Manuel d'actinologie, p. 429.

1836. *Eschara lobata* Lamarck, An. s. vert., éd. 2, vol. II, p. 269.

1867. *Escharoïdes Sarsii* Smitt, Krit. Fört. öfver Skand. Hafs. Bryoz., pp. 24 et
158, pl. XXVI, fig. 147 à 154.

1881. *Escharoïdes Sarsii* Ridley, Ann. Mag. Nat. Hist., p. 452.

1886. *Escharoïdes Sarsii* Levinsen, Bryoz. fra Kara-Havet, p. 14.

1886. *Escharoïdes Sarsii* Lorenz, Bryoz. Jan Mayen.

Station 37. — Drague et chalut. Profondeur : 40 mètres. — *Escharoïdes Sarsii* Smitt est une forme essentiellement septentrionale qui a été
rencontrée dans toutes les mers arctiques.

Genre **Smittia** Hincks 1880.

Smittia trispinosa (Johnston).

var. arborea Levinsen.

1867. *Escharella Jacobini* forme *lamellosa* Smitt, Krit. Först. öfver. Skand. Hafs.
Bryoz., pp. 11 et 86, pl. xxiv, fig. 53 à 57.

1877. *Lepralia trispinosa* (var.) Hincks, Ann. Mag. Nat. Hist., [iv], vol. XIX, p. 100,
pl. xi, fig. 1.

1850-52. *Semieschara lamellosa* d'Orbigny, Pal. Franç., Terr. Cret., p. 366.

1886. *Escharella trispinosa* var. *arborea* Levinsen, Bryoz. fra Kara-Havet, p. 16,
pl. xxvii, fig. 7 et 8.

1900. *Smittia trispinosa* var. *lamellosa* Waters, Bryoz. from Franz-Josef Land,
p. 88, pl. xii, fig. 19-21.

Station 37. — Drague et chalut. Profondeur : 40 mètres. — Deux
beaux fragments de colonies sans substratum. *Smittia trispinosa* habite les
deux pôles, mais la variété *arborea* est une forme exclusivement du nord.

Genre **Mucronella** Hincks 1880.

Mucronella Peachii (Johnston).

1847. *Lepralia Peachii* Johnston, Brit. Zooph., éd. 2, p. 315, pl. lv, fig. 5 et 6.

1853. *Lepralia Peachii* Busk, Brit. Mus. Cat., p. 77, pl. lxxxii, fig. 4, pl. xci,
fig. 5 et 6 et pl. xcvii.

1880. *Mucronella Peachii* Hincks, Brit. Mar. Polyz., p. 360, pl. l, fig. 1 à 5 et
pl. li, fig. 1 et 2.

Station 37. — Drague et chalut. Profondeur : 40 mètres. — Nombreuses colonies sur pierres. Cinq ou six d'entre elles présentent un état
de calcification avancé et, malgré cela, le « mucron » de la lèvre inférieure
est très proéminent. Le « mucron », chez toutes ces colonies, affecte une
forme un peu spéciale ; il est en forme de carène très effilée qui partage la
zoécie et l'orifice zoécial en deux parties très symétriques. Sur Ascidie
simple.

5

Station 143. — Drague. Profondeur: 69 mètres. — Une colonie de forme normale sur la même pierre que *Mucronella ventricosa* (Hassall).

MUCRONELLA VENTRICOSA (Hassall).

1842. *Lepralia ventricosa* Hassall, Ann. Mag. Nat. Hist., vol. IX, p. 412.
1847. *Lepralia ventricosa* Johnston, Brit. Zooph., éd. 2, p. 305, pl. LIV, fig. 5.
1853. *Lepralia ventricosa* Busk, Brit. Mus. Cat., p. 78, pl. LXXXII, fig. 5 et 6.
1880. *Mucronella ventricosa* Hincks. Brit. Mar. Polyz., p. 363, pl. L, fig. 6 à 8.

Station 37. — Drague et chalut. Profondeur: 40 mètres. — Sur coquilles. Assez commun dans tout l'hémisphère septentrional.

Station 143. — Drague. Profondeur: 69 mètres. — Une colonie remarquable par la grandeur et la rotondité des zoécies. « Mucron » très développé et recourbé en dehors.

MUCRONELLA ABYSSICOLA Norman.

1868. *Lepralia abyssicola* Norman, Brit. Ass. Report, p. 307.
1880. *Mucronella abyssicola* Hincks, Brit. Mar. Polyz., p. 369, pl. XXXVIII, fig. 1-2.
1886. *Mucronella abyssicola* Lorenz, Bryoz. Jan Mayen.

Station 37. — Drague et chalut. Profondeur: 40 mètres. — Un beau spécimen sur *Hornera lichenoïdes* Pont., se rapportant à la description que donne Hincks (1) d'un échantillon de Saint-Lawrence, sur lequel les zoécies sont plus convexes, les sutures accentuées, la lèvre inférieure très élevée et les ovicelles rejetés très en arrière de l'orifice zoécial, qui est pourvu de quatre épines (Hincks en signale deux ou trois). Les cellules pourvues d'ovicelles n'en possèdent que deux, une de chaque côté.

Ce spécimen présente cette particularité que l'auréole de pores circulaires, qui est une série dans le type normal, est ici formée à la base par 3 ou 4 rangées de pores.

(1) HINCKS (T.). — *Brit. Mar. Polyz.* p. 370 (1880).

Fig. 1.
VUE D'ENSEMBLE D'UN FRAGMENT
DU BRYARIUM, FACE FRONTALE

Fig. 2.
VUE D'ENSEMBLE DU MÊME
FRAGMENT, FACE DORSALE

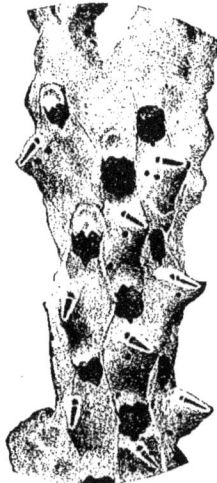

Fig. 3.
DÉTAIL D'UNE PORTION DU MÊME FRAGMENT,
FACE FRONTALE

RETEPORA ELONGATA Smitt

Var. *Watersii* (nov. var.).

Genre **Retepora** Smitt 1867.

1766-68. *Retepora cellulosa* Linné, Syst. Nat., 12ᵉ éd., p. 1284.

1867. *Retepora cellulosa* Smitt, Kritisk. Fört. öfver. Skand. Hafs-Bryoz., pp. 35 et 203, pl. xxviii, fig. 222-225.

1894. *Retepora cellulosa* Waters, Journ. Linn. Soc., Zool.,vol. XXV, p. 259, pl. vi, fig. 17 et pl. vii, fig. 12.

1902. *Retepora cellulosa* L. Calvet, Bryoz. Mar. région de Cette, p. 62.

Station 37. — Drague et chalut. Profondeur : 40 mètres. — Cette espèce est considérée par certains auteurs comme habitant seulement les régions arctiques ; Waters (1) la signale aussi comme habitant la Méditerranée et l'Adriatique.

RETEPORA ELONGATA Smitt.

var. WATERSII (nov. var.).

(pl. I, fig. 1, 2 et 3).

1867 *Retepora cellulosa* forme *notopachys* var. *elongata* Smitt, Krit. Fört. öfver Skand. Hafs. Bryoz., pp. 36 et 204, pl. xxviii, fig. 226-232.

1877. *Retepora Wallichiana* Hincks, Ann. Mag. Nat. Hist., [IV], vol. XIX, p. 107, pl. xi, fig. 9-13.

1886. *Retepora elongata* Levinsen, Bryoz. fra Kara-Havet, p. 323.

1894. *Retepora elongata* Waters, Journ. Linn. Soc., Zool., vol. XXV, p. 256, pl. vi, fig. 9-10.

1900. *Retepora elongata* Waters, Bryoz. from Franz Josef Land., p. 97.

La forme générale du bryarium ne diffère pas de celle du type normal (fig. 1).

Les zoécies étant très immergées (fig. 3), il est parfois difficile de distinguer les contours zoéciaux dont on ne voit que la ligne élevée, qui reste visible entre les rostres. Ces derniers, très développés et très proéminents recouvrent presque totalement les zoécies. Ils sont placés immédiatement

(1) WATERS (A.-W.). — *Bryoz. from Franz-Josef Land* , p. 96 (1900).

sous l'orifice zoécial et obliquement par rapport à l'axe longitudinal de la zoécie.

Tous les rostres portent l'aviculaire triangulaire normal, mais se distinguent de ceux de l'espèce type par la présence d'un ou parfois de deux pores à la partie supérieure, près de la base de l'aviculaire. Ces pores ne sont pas toujours symétriques pour chaque zoécie. Quelques-uns, moins nombreux, sont dispersés irrégulièrement à la surface du zoarium.

L'ovicelle est un peu caché par le rostre de la zoécie placée au-dessus, mais n'est ni aussi libre ni aussi élevé que dans certaines colonies de *Retepora elongata,* sans être pourtant rejeté en arrière ainsi que le signale Hincks ([1]).

En examinant la colonie par la face dorsale, on remarque, non seulement des aviculaires triangulaires normaux, placés transversalement à la base de chaque fenêtre, mais aussi des aviculaires sur le côté des branches. Ces derniers, dont le bec est incliné vers le bas, sont disposés par paires, l'un au-dessous de l'autre, à une petite distance, et portés par des rostres beaucoup moins proéminents que ceux de la face antérieure (Voir fig. 2).

Les principaux caractères distinctifs de cette nouvelle variété sont donc : le grand développement des rostres, la dissimulation des ovicelles par ces derniers ; la présence de pores sur le rostre et celle d'aviculaires latéraux à la partie dorsale.

Station 37. — Drague et chalut. Profondeur : 40 mètres. — Sans être commune l'espèce type a été signalée assez fréquemment dans les mers arctiqués.

Retepora tessellata Hincks

, var. cæspitosa Busk.

1878. *Retepora tessellata* Hincks, Ann. Mag. Nat. Hist., [V], vol. I, p. 358, pl. xix, fig. 9-12.

1884. *Retepora tessellata* var. *cæspitosa* Busk, Rep. Voy. of Challenger, part. xxx, p. 113, pl. xxvii, fig. 6.

Station 37. — Drague et chalut. Profondeur : 40 mètres. — Cette variété très rare n'a été signalée, je crois, que par Busk dans Simon's-Bay, et au cap de Bonne-Espérance.

([1]) Hincks (T.). — *Ann. Mag. Nat. Hist.*, [4], vol. XIX, p. 107.

Genre **Sertella** J. Jullien 1903.

SERTELLA BEANIANA (King).

1846. *Retepora Beaniana* King, Ann. Mag. Nat. Hist., vol. XVIII, p. 237.
1853. *Retepora Beaniana* Busk, Brit. Mus. Cat., part. II, p. 94, pl. CXXIII, fig. 1-5.
1880. *Retepora Beaniana* Hincks, Brit. Mar. Polyz., p. 391, pl. LIII, fig. 1-5.
1903. *Sertella Beaniana* Jullien, Rés. Camp. Sc. Albert Ier, fasc. XXIII, p. 58.

Station 37. — Drague et chalut. Profondeur : 40 mètres. — Plusieurs grands fragments détachés de leur substratum. Son aire d'extension est beaucoup plus étendue que ne l'indique Calvet; il la signale comme habitant les côtes d'Angleterre (assez commune), plus rare sur les côtes de Norvège, de Finmark, du Groënland, du Danemark et dans le Kattegat. Cette espèce n'avait jamais été signalée plus au sud. Je l'ai trouvée dans la région de Concarneau.

Genre **Rhamphostomella** Lorenz 1886.

RHAMPHOSTOMELLA PLICATA Smitt.

1867. *Cellepora plicata* Smitt, Kritisk Fört. öfv. Skand. Hafs.-Bryozoen, p. 30.
1884. *Smittia plicata* Hincks, Polyz. Queen Charlotte Islands, p. 26.
1886. *Rhamphostomella plicata* Lorenz, Bryoz. Jan Mayen, p. 12.
1889. *Rhamphostomella plicata* Hincks, Ann. Mag. Nat. Hist., [VI], vol. III.

Station 143. — Drague. Profondeur : 69 mètres. — Sur une valve de Lamellibranche. Signalée par Smitt comme une forme essentiellement septentrionale et pas rare au Spitzberg, Groënland, Bohuslan.

Station 146. — Drague. Profondeur : 30 mètres.

Genre **Cellepora** Fabricius 1780.

CELLEPORA INCRASSATA Lamarck.

1816. *Cellepora incrassata* Lamarck, An. s. vertèbres, vol. II, p. 170.
1836. *Cellepora incrassata* Lamarck, An. s. vert., éd. 2, p. 256.

1867. *Celleporaria incrassata* Smitt. Krit. Fört. öfver Skand. Hafs-Bryoz., pp. 33 et
198, pl. xxii, fig. 212 à 216.

1874. *Cellepora incrassata* Kirchenpauer, Cat. E. Grönl., p. 423.

1877. *Cellepora incrassata* Hincks, Ann. Mag. Nat. Hist., [iv], vol. xix, p. 105.

1886. *Cellepora incrassata* Levinsen, Bryoz. from Kara-Havet, p. 20.

1900. *Cellepora incrassata* (Smitt) Waters, Bryoz. from Franz-Josef Land, p. 93,
pl. xii, fig. 11 à 14.

Station 37. — Drague et chalut. Profondeur : 40 mètres. — Draguée
en très grande abondance dans le fjord lapon situé au nord-ouest de Hammerfest.

b) CYCLOSTOMATA Busk.

Genre **Crisia** (part) Lamouroux, 1812.

CRISIA CORNUTA (Linné).

1758. *Sertularia cornuta* Linné, Syst. Nat., éd. 10, p. 810.

1766. *Cellularia falcata* Pallas, Elenchus Zooph., p. 76.

1847. *Crisidia cornuta* Johnston, Brit. Zooph., éd. 2, p. 287.

1875. *Crisia cornuta* Busk, Brit. Mus. Cat., part. iii, p. 3, pl. i, fig. 1 à 10.

1880. *Crisia cornuta* Hincks, Brit. Mar. Polyz., p. 419, pl. lvi, fig. 1 à 4.

Station 144. — Drague et chalut. Profondeur : 22 mètres. — Cette
espèce, assez répandue dans tout l'hémisphère nord, est beaucoup plus
commune sur les côtes d'Angleterre et dans la Méditerranée. Dans la région
septentrionale, elle n'a été signalée que sur les côtes de Norvège, de
Bohuslan, d'Alaska.

CRISIA EBURNEA (Linné) 1767.

1766-68. *Sertularia eburnea* Linné, Syst. Nat., éd. 12, p. 1316.

1816. *Crisia eburnea* Lamouroux, Pol. Cor. flex., p. 138.

1865. *Crisia eburnea* Smitt, Oefv. K. Vet. Ak. Förh., pp. 117 et 132, pl. xvi, fig. 7
à 19.

1880. *Crisia eburnea* Hincks, Brit. Mar. Polyz., p. 420, pl. lvi, fig. 5 et 6.

1886. *Crisia eburnea* Levinsen, Bryoz. fr. Kara-Havet, p. 21.

1886. *Crisia eburnea* Lorenz, Bryoz. Jan Mayen, p. 15.

Station 142. — Pêches au haveneau, au râteau et au faubert. Profondeur 5 et 6 mètres. — Une jeune colonie sur *Schizoporella hyalina* (Linné).

Station 144. — Drague et chalut. Profondeur : 22 mètres. Sur *Hydrallmania falcata* (Linné).

CRISIA DENTICULATA Milne-Edwards.

1841-44. *Crisia denticulata* M. Edwards, Ann. Sc. Nat., Zool., [2], vol. IX, p. 201.

1847. *Crisia denticulata* Johnston, Brit. Zooph., éd. 2, p. 284, pl. I, fig. 5-6.

1875. *Crisia denticulata* Busk, Brit. Mus. Cat., p. 4, pl. II, fig. 3-4, pl. III, fig. 1-6 et pl. IV, fig. 1-4.

1879. *Crisia denticulata* Waters, Ann. Mag. Nat. Hist., [5], vol. III, p. 269.

1880. *Crisia denticulata* Hincks, Brit. Mar. Polyz., p. 422, pl. LVI, fig. 7 à 9.

1886. *Crisia denticulata* Levinsen, Bryoz. fra Kara-Havet, p. 21.

1886. *Crisia denticulata* Lorenz, Bryoz. Jan Mayen.

Station 42. — Pêches au haveneau, au râteau et au faubert. Profondeur : 5 et 6 mètres. — Deux très jeunes colonies sur *Schizoporella hyalina* (Linné). Très cosmopolite.

Genre **Stomatopora** Bronn, 1825.

STOMATOPORA JOHNSTONI (Heller).

1867. *Criserpia Johnstoni* Heller, Bryoz. Adriatique, p. 50.

1880. *Stomatopora Johnstoni* Hincks, Brit. Mar. Polyz., p. 430, pl. LIX, fig. 1, et pl. LX, fig. 1 et 1 a.

1902. *Stomatopora Johnstoni* Calvet, Bryoz. Mar. de la région de Cette, p. 76.

Station 37. — Drague et chalut. Profondeur : 40 mètres. — L'échantillon que je rapporte à cette espèce correspond à la description qu'en donne Hincks (1) complétée par Calvet (2).

A la base du zoarium, les zoécies sont disposées en séries alternes; elles sont étroites, ne s'élargissent que très peu vers la partie distale, et l'orifice

(1) HINCKS (T.). — *Brit. Mar. Polyz.*, p. 430 (1880).
(2) CALVET (L.). — *Bryoz. Mar. de la région de Cette*, p. 76.

est presque immergé, tandis que, vers l'extrémité des branches, les zoécies s'évasent vers l'orifice qui est un peu élevé et légèrement incurvé. Cette partie libre des zoécies ne possède que de très rares ponctuations ou en est complètement dépourvue. A l'extrémité d'une ou deux branches seulement, les zoécies sont disposées par séries de deux.

Un seul exemplaire, sans zoécie, sur un débris de coquille. Signalée à Guernesey (Hincks), sur les côtes d'Antrim (Hyndman), et dans l'Adriatique (Heller).

Genre **Reticulipora** Smitt, 1871.

RETICULIPORA INTRICARIA Smitt.

1871. *Reticulipora intricaria* Smitt, Krit. Fört. öfver Skand. Hafs.-Bryoz., p. 117, pl. xx, fig. 1-2-3.

1878. *Diastopora intricaria* Smitt, Recensio Anim. Bryoz. e Mari artico, quæ ad pæninsulam Kola, (1877), p. 23.

1886. *Diastopora intricaria* Levinsen, Bryoz. from Kara-Havet, p. 21.

Station 41. — Profondeur : 126 mètres. — Une seule colonie sur laquelle sont fixées quelques zoécies brisées de *Mucronella abyssicola* Norman.

Espèce très rare de la région septentrionale.

Genre **Idmonea** Lamouroux, 1821.

IDMONEA ATLANTICA Forbes.

1847. *Idmonea atlantica* Forbes, m. s. sec. Johnston, Brit. Zooph., éd. 2, p. 278, pl. xlviii, fig. 3.

1872. *Idmonea atlantica* Smitt, Floridan Bryozoa, p. 6, pl. ii, fig. 7-8.

1875. *Idmonea atlantica* Busk, Brit. Mus. Cat., part. III, p. 11, pl. ix.

1880. *Idmonea atlantica* Hinks, Brit. Mar. Polyz., p. 451, pl. lxv, fig. 1 à 4.

1886. *Idmonea atlantica* Levinsen, Bryoz. fra Kra-Havet, p. 21.

1886. *Idmonea atlantica* Lorenz, Bryoz. Jan Mayen, p. 16.

1904. *Idmonea atlantica* Waters, Res. voy. S. Y. Belgica (1897-98-99, p. 90, pl. ix, fig. 5).

Station 37. — Drague et chalut. Profondeur : 40 mètres. — Quelques échantillons de la forme sans ovicelle déjà décrite par Waters (1).

IDMONEA SERPENS (Linné).

1758. *Tubulipora serpens* Linné, Syst. Nat., éd. 10, p. 790.

1821. *Tubulipora transversa* Lamouroux, Expos. méth. Polyp., p. 1, pl. LXIV, fig. 1.

1847. *Tubulipora serpens* Johnston, Brit. zooph., éd. 2, p. 275, pl. XLVIII, fig. 4 à 6.

1867. *Idmonea transversa* Heller, Die Bryoz. des Adriatischen Meeres, p. 121.

1875. *Tubulipora serpens* Busk, Brit. Mus. Cat., part. III, p. 25, pl. XXII.

1879. *Tubulipora serpens* Waters, On the Bryoz. of the Bay Naples, Ann. Mag. Nat. Hist., [V], vol. III, p. 271.

1880. *Idmonea serpens* Hincks, Brit. Mar. Polyz., p. 453, pl. LX, fig. 2 et pl. LXI, fig. 2 et 3.

1886. *Idmonea serpens* Levinsen, Bryoz. Kara-Havet, p. 20.

Station 37. — Drague et chalut. Profondeur : 40 mètres. — Fragments de colonies sans substratum.

Signalé, pour la région arctique, sur les côtes de Scandinavie.

Genre **Diplopora** J. Jullien, 1903.

DIPLOPORA OBELIA (Johnston).

var. ARCTICA Waters.

1838. *Tubulipora obelia* Johnston, Brit. Zooph., éd. 1, p. 269, pl. XXXVIII, fig. 7-8.

1847. *Diastopora obelia* Johnston, Brit. Zooph., éd. 2, p. 277, pl. XLVII, fig. 7 et 8.

1852. *Diastopora obelia* Busk, Brit. Mar. Polyz., vol. III, p. 28.

1879. *Diastopora obelia* Waters, Ann. Mag. Nat. Hist., [V], vol. III, p. 273.

1880. *Diastopora obelia* Hincks, Brit. Mar. Polyz., p. 462, pl. LXVI, fig. 10 et 10ᵃ.

1886. *Diastopora obelia* Lorenz, Bryoz. Jan Mayen.

1886. *Diastopora obelia* Levinsen, Bryoz. Kara Havet, p. 21.

1904. *Diastopora obelia* var. *arctica* Waters, Bryoz. Franz-Josef Land, part. II, Jour. Linn. Soc. London, Zool., vol. XXIX.

(1) WATERS (W.). — *Rés. voy. S. Y. Belgica* (1897-98-99). 1904.

Station 37. — Drague et chalut. Profondeur: 4o mètres.

Station 143. — Drague. Profondeur: 69 mètres. — Deux colonies sur *Porella compressa* (Sowerby).

Genre **Hornera** Lamouroux, 1821.

HORNERA LICHENOÏDES Pontoppidan.

1766-68. *Millepora lichenoïdes* Linné, Syst. Nat., éd. 12, p. 1283.
1859. *Hornera borealis* Busk, Crag. Polyz., pp. 95 et 103.
1865. *Hornera lichenoïdes* Smitt, Krit. fört. öfver Skand. Hafs-Bryoz., p. 4o4.
1874. *Hornera lichenoïdes* Whiteaves, Bryoz. St. Lawrence, p. 12.
1880. *Hornera lichenoïdes* Hincks, Brit. Mar. Polyz., p. 468, pl. LXVII, fig. 1 à 5.
1886. *Hornera lichenoïdes* Lorenz, Bryoz. Jan Mayen, p. 16.

Station 37. — Drague et chalut. Profondeur: 4o mètres. — Très nombreux échantillons. Rencontré dans beaucoup de localités de la région arctique, dans l'Atlantique nord; expédition antarctique de Sir John Ross, par 70° Lat. sud et 172° Long. est (?).

Genre **Lichenopora** Defrance, 1823.

LICHENOPORA HISPIDA (Fleming).

1828. *Discopora hispida* Fleming, Brit. Anim., p. 53o.
1838. *Discopora hispida* Johnston, Brit. Zooph., p. 270.
1847. *Tubulipora hispida* Johnston, Brit. Zooph., p. 268, pl. XLVII, fig. 9 à 11.
1875. *Discoporella hispida* Busk, Brit. Mus. Cat., p. 3o, pl. XXX, fig. 3.
1880. *Lichenopora hispida* Hincks, Brit. Mar. Polyz., p. 473, pl. LXVIII, fig. 1 à 8.
1865. *Discoporella hispida* Smitt, Oefvers. K. Vet-Akad. Förh., pp. 4o6 et 483, pl. XI, fig. 1o à 12.

Station 144. — Drague et chalut. Profondeur : 22 mètres. — Sur des Hydraires et sur *Gemellaria loricata* (Linné).

Cette espèce est assez fréquente dans tout l'hémisphère septentrional.

Genre **Frondipora** Blainville, 1834.

FRONDIPORA VERRUCOSA (Lamouroux).

1821. *Krusensterna verrucosa* Lamouroux, Expos. méth. Polyp., p. 41, pl. LXXIV,
fig. 10 à 13 (non pl. XXVI, fig. 5).

1850-52. *Frondipora reticulata* d'Orbigny, Pal. franç., p. 677.

1852. *Frondipora reticulata* Busk, Brit. Mus. Cat., p. 38.

1852. *Frondipora verrucosa* Busk, Brit. Mus. Cat., p. 39.

1865. *Frondipora reticulata* α et β Smitt, Krit. fort. öfver Skand. Hafs-Bryoz.,
p. 407.

1879. *Frondipora verrucosa* Waters, Bryoz. Bay Naples, p 279, pl XXIV, fig. 1 à 7.

1888. *Frondipora verrucosa* Waters, « Challenger », part. LXXIX, p. 40.

Station 37. — Drague et chalut. Profondeur : 40 mètres. — Un seul
mais très beau fragment de colonie.

Cette espèce, très fréquente dans la Méditerranée, s'étend jusqu'aux
mers australes. Elle n'a été signalée qu'une seule fois dans les mers
arctiques par d'Orbigny, au Spitzberg.

c) CTENOSTOMATA Busk.

Genre **Bowerbankia** Farre 1837.

BOWERBANKIA IMBRICATA (Adams).

1798. *Sertularia imbricata* Adams, Descr. mar. anim. of Wales, Trans. Linn. Soc.
London., tom. V, p. 11, pl. II, fig. 5 à 11.

1838. *Walkeria imbricata* Johnston, Brit. Zooph., éd. 1, p. 254.

1880. *Bowerbankia imbricata* Hincks, Brit. Mar. Polyz., p. 519, pl. XXIII, fig. 1 et 2.

Station 144. — Drague et chalut. Profondeur : 22 mètres. — Sur
Hydrallmania falcata (Linné).

Cette espèce a été signalée, pour les régions arctiques, dans la mer
Blanche (Mereschkowsky), sur les côtes de l'Alaska (Robertson). Elle est
aussi très commune sur les côtes d'Angleterre (Hincks).

II. — ENTOPROCTA Nitsche.

Genre **Pedicellina** Sars, 1835.

PEDICELLINA CERNUA (Pallas).

1771. *Brachionus cernuus* Pallas, Naturges. merkwürd. Thiere, tome X, p. 57, pl. IV, fig. 10.

1835. *Pedicellina echinata* Sars, Beskr. og. Iakttag, etc., p. 5, pl. I, fig. 1 à 5.

1853. *Pedicellina belgica* Gosse (variété sans épines), Dev. Coast., p. 210, pl. XII, fig. 2 à 4.

1880. *Pedicellina cernua* Hincks, Brit. Mar. Polyz., p. 565, pl. LXXXI, fig. 1 à 3.

Station 144 — Drague et chalut. Profondeur : 22 mètres. — Sur des Hydraires. Sur les mêmes substratums, quelques rares échantillons de la variété *glabra* Hincks. Grandement distribuée dans tout l'hémisphère septentrional, elle a été signalée au Spitzberg (Smitt), dans la mer Blanche (Mereschkowsky), sur toutes les côtes de l'Europe occidentale, dans la Méditerranée et l'Adriatique.

Laboratoire maritime de Concarneau.
3o mars 1911.

INDEX ALPHABÉTIQUE

	Pages
Ælea truncata (Landsborough) . .	9
Bugula avicularia (Linné).	14
Bugula Murrayana (Johnston). . .	14
Bugula Murrayana (Johnston) var.	
fruticosa Packard.	15
Bugula nerilina (Linné).	13
Bowerbankia imbricata (Adams) . .	43
Caberea Ellisii (Fleming).	13
Cellaria fistulosa (Linné)	16
Cellepora incrassata Lamarck . . .	37
Cellularia Peachii Busk.	10
Cribrilina annulata (Fabricius). . .	22
Cribrilina punctata (Hassall). . . .	21
Crisia cornuta (Linné)	38
Crisia denticulata Milne-Edwards. .	39
Crisia eburnea (Linné)	38
Diplopora obelia (Johnston) var.	
arctica Waters.	41
Escharoïdes Sarsii Smitt	32
Flustra foliacea (Linné).	17
Flustra membranaceo-truncata Smitt .	18
Flustra securifrons (Pallas)	17
Frondipora verrucosa (Lamouroux).	43
Gemellaria loricata (Linné)	10
Hornera lichenoïdes Pontoppidan .	42
Idmonea atlantica Forbes	40
Idmonea serpens (Linné)	41
Lepralia foliacea (Ellis et Solander).	27
Lepralia hippopus (Smitt)	28
Lepralia Pallasiana (Moll).	27
Lepralia pertusa (Esper)	28
Lepralia polita Norman	29

	Pages
Lepralia sincera Smitt.	29
Lichenopora hispida (Fleming) . .	42
Membranipora arctica d'Orbigny . .	19
Membranipora craticula Alder . . .	19
Membranipora cymbæformis Hincks	20
Membranipora Flemingii Busk . . .	20
Membranipora monostachys Busk . .	18
Membranipora pilosa (Linné) . . .	19
Membranipora trifolium (S. Wood) .	21
Menipea Jeffreysii Norman.	12
Menipea ternata (Ellis et Solander).	11
Microporella ciliata (Pallas)	23
Microporella spatulifera (Smitt) . .	23
Mucronella abyssicola Norman . . .	34
Mucronella Peachii (Johnston). . .	33
Mucronella ventricosa (Hassall). . .	34
Myriozoum coarctatum Sars	31
Myriozoum truncatum (Pallas) . . .	30
Pedicellina cernua (Pallas).	44
Pedicellina cernua (Pallas) var. gla-	
bra Hincks	44
Porella compressa (Sowerby) . . .	32
Porella concinna (Busk) var. Belli	
Dawson.	31
Retepora cellulosa Smitt	35
Retepora elongata Smitt var. Water-	
sii (nov. var.)	35
Retepora tessellata Hincks var.	
cæspitosa Busk	36
Reticulipora intricaria Smitt. . . .	40
Rhamphostomella plicata Smitt . .	37
Schizoporella Alderi (Busk)	24

	Pages		Pages
Schizoporella auriculata (Hassall) .	25	*Sertella Beaniana* (King)	37
Schizoporella cruenta (Norman) . .	26	*Smittia trispinosa* (Johnston) var.	
Schizoporella hyalina (Linné) . . .	26	arborea Levinsen	33
Schizoporella linearis (Hassall) . . .	24	*Stomatopora Johnstoni* (Heller). . .	39
Schizoporella sinuosa (Busk). . . .	25	*Tubucellaria opuntioides* (Pallas) . .	16
Schizoporella tumulosa Hincks. . .	27	*Umbonella verrucosa* (Esper). . . .	30
Scrupocellaria scabra (van Beneden).	12		

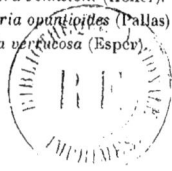

Bordeaux. — Imprimeries GOUNOUILMOU, rue Guiraude, 9-11.

BORDEAUX. — IMP. GOUNOUILHOU.

www.ingramcontent.com/pod-product-compliance
Lightning Source LLC
Chambersburg PA
CBHW071319200326
41520CB00013B/2833